BEI GRIN MACHT SICH IHR WISSEN BEZAHLT

- Wir veröffentlichen Ihre Hausarbeit, Bachelor- und Masterarbeit

- Ihr eigenes eBook und Buch - weltweit in allen wichtigen Shops

- Verdienen Sie an jedem Verkauf

Jetzt bei www.GRIN.com hochladen und kostenlos publizieren

Bibliografische Information der Deutschen Nationalbibliothek:

Die Deutsche Bibliothek verzeichnet diese Publikation in der Deutschen National-
bibliografie; detaillierte bibliografische Daten sind im Internet über http://dnb.d-
nb.de/ abrufbar.

Impressum:

Copyright © 2016 GRIN Verlag, Open Publishing GmbH
Druck und Bindung: Books on Demand GmbH, Norderstedt Germany
ISBN: 9783668462588

Dieses Buch bei GRIN:

http://www.grin.com/de/e-book/366075/wuerfelgebaeude-heute-sind-wir-die-
architekten-mathematik-3-klasse

Juliane Ebel

Würfelgebäude: Heute sind wir die Architekten! (Mathematik, 3. Klasse)

GRIN Verlag

GRIN - Your knowledge has value

Der GRIN Verlag publiziert seit 1998 wissenschaftliche Arbeiten von Studenten, Hochschullehrern und anderen Akademikern als eBook und gedrucktes Buch. Die Verlagswebsite www.grin.com ist die ideale Plattform zur Veröffentlichung von Hausarbeiten, Abschlussarbeiten, wissenschaftlichen Aufsätzen, Dissertationen und Fachbüchern.

Besuchen Sie uns im Internet:

http://www.grin.com/

http://www.facebook.com/grincom

http://www.twitter.com/grin_com

Ausführliche Unterrichtsvorbereitung im Fach Mathematik

Thema der Unterrichtsstunde:

„Würfelgebäude: Heute sind wir die Architekten!"

Datum:	04.11.2016
Klasse:	3

Inhaltsverzeichnis

1. Darstellung der Rahmenbedingungen

Die geplanten Unterrichtsstunden finden an einem Freitag in der ersten und zweiten Stunde im Rahmen eines 90-minütigen Unterrichtsblocks statt. Ab 7.45 Uhr müssen alle Schüler[1] in ihren Klassen sein und beginnen mit Freiarbeit. Da es ein gleitender Unterrichtsbeginn ist, gibt es keine Schulklingel.

Zurzeit findet ein schulinterner Kopfrechenwettbewerb statt: An drei Tagen der Woche finden sich Schüler der Klassen 2 bis 4, eingeteilt je nach Leistungsstand in Liga 1 bis 3, um 7.45 Uhr im großen Hortraum ein und bekommen 12 Kopfrechenaufgaben gestellt. Nach direkt sich anschließender Auswertung aller Aufgaben (wobei die drei besten Schüler der Liga 2 und 3 aufsteigen, die drei schlechtesten der Liga 1 und 2 absteigen) gehen die Kinder in ihre Klassen zurück.

Die Klasse besteht aus 20 Schülern – neun Mädchen und elf Jungen. Die Schule liegt sehr ländlich in einem kleinen Dorf in der Nähe der großen Kreisstadt Oschatz, aus der auch ein Drittel der Kinder kommt. Die anderen wohnen im ländlichen Umfeld.

In der Klasse gibt es einen Jungen mit einer LRS, der, unter anderem bedingt durch seine vorzeitige Einschulung, große Probleme in vielen Bereichen hat. Seit Mitte Oktober geht eine neue Schülerin in die Klasse. Sie wächst zweisprachig (russisch, deutsch) auf und hat Probleme in der optischen Differenzierung. Sie erhält Ergotherapie.

Um die Kinder im Unterricht zu unterstützen, sie optimal zu fördern und in ihrer Individualität abzuholen, begleitet in jeder Klasse ein Erzieher (je nach Anzahl der Integrationskinder auch mehrere Lernbegleiter) den Unterricht.

1.1 Beschreibung des Lernortes

Das Klassenzimmer der 3. Klasse ist hell und groß. Lehrertisch und Tafel befinden sich im vorderen Teil, die Schülertische stehen in Gruppen zusammen. Im hinteren Teil des Raumes befindet sich ein runder Teppich für Sitzkreise und zahlreiche Regale mit verschiedenartigem Material für den Unterricht (Bücher für die jeweiligen Fächer, Montessorimaterialien, Lernspiele, Ablagen der Kinder, …). An den Wänden hängen aktuelle Projekte, Veranschauungsmaterial des Unterrichts wie das Hunderterfeld oder ähnliches. An den Raum grenzt ein Computerkabinett, in dem die Schüler an Lernprogrammen arbeiten können. Auch weitere Nachschlagewerke und altersgerechte Fachliteratur sind dort zu finden.

1.2 Arbeits- und Sozialverhalten

In der Klasse herrscht eine ausgewogene Atmosphäre, wobei es immer wieder zu Auseinandersetzungen unter gewissen Schülern kommt, welche meist von den Schülern selbst gelöst werden. Trotzdem herrschen ein freundliches Arbeitsklima und eine generelle Hilfsbereitschaft untereinander. Die Schüler sind vorrangig frontale Unterrichtsformen gewöhnt, zeigen sich aber sehr aufgeschlossen gegenüber offeneren Unterrichtsformen. Diese müssen jedoch noch geübt werden. Auch sind das Arbeitstempo und das Leistungsniveau der Schüler sehr unterschiedlich ausgeprägt. Dies erfordert eine ständige Anpassung in der

---

[1] Aus Gründen der Lesbarkeit gelten Personenbezeichnungen für beide Geschlechter

Differenzierung des Anforderungsniveaus. Schwierigkeiten haben viele Schüler noch im Aufgabenverständnis und selbstständigen Umsetzen der Aufgabenstellung. Sie benötigen ständige Rückmeldung seitens der Lernbegleiter und des Lehrers und müssen zum eigenständigen Denken und Arbeiten vermehrt angeregt werden.

2. Lernvoraussetzungen

<u>Sachkompetenz:</u>

Anforderungen der Stunde:

- Zwei- und dreidimensionale Darstellungen von Würfelgebäuden zueinander in Beziehung setzten (nach Vorlage bauen, zu Bauten Baupläne erstellen)
- Räumliche Beziehungen erkennen, beschreiben und nutzen

Die Mehrheit der Schüler kann:

- Räumliche Beziehungen erkennen, beschreiben und nutzen
- Baupläne lesen und Würfelbauten danach aufbauen
- Baupläne nach vorgegebenen Würfelbauten erstellen

<u>Methodenkompetenz:</u>

Anforderungen der Stunde:

- Lösungsstrategien finden und nutzen
- Mathematische Kenntnisse, Fähigkeiten und Fertigkeiten bei der Bearbeitung problemhaltiger Aufgaben anwenden

Die Mehrheit der Schüler kann:

- Mathematische Aufgabenstellungen sachgerecht umsetzen
- Systematisches Vorgehen beim Erstellen von Bauplänen bzw. beim Bauen von Würfelbauten nutzen

<u>Sozial- und Selbstkompetenz:</u>

Anforderungen der Stunde:

- Kooperatives Arbeiten
- Vereinbarte Regeln für kooperatives Lernen einhalten
- Inhalte zuhörend verstehen, gezielt Nachfragen bei Nichtverstehen

Die Mehrheit der Schüler kann:

-   Dem Anderen zuhören, warten, eigene Ideen einbringen, gemeinsame Lösungen finden, Ergebnisse miteinander vergleichen, wertschätzend miteinander sprechen

Abweichungen vom allgemeinen Lernstand:

████████████████████████████████████ haben Schwierigkeiten, anderen zuzuhören und die Aufgabenstellungen zu verstehen und umzusetzen. Sie müssen oft daran erinnert werden, dem Sprechenden zu folgen und mitzudenken. Auch benötigen sie oftmals eine erneute Erklärung der Aufgabe.

████████████ hat zudem eine LRS, kann noch nicht verstehend lesen und hat große Probleme beim Schreiben. Ihm wird die Aufgabe vorgelesen (Nachteilsausgleich), mathematisches Verständnis ist jedoch altersgerecht vorhanden. Durch die LRS ist sein Arbeitstempo stark verlangsamt.

3. Sachanalyse

Visuelle Wahrnehmung besitzt grundlegende Bedeutung für die Bewältigung des Alltags und für unsere Orientierung in der Umwelt. Sie ist die Voraussetzung für jede koordinierte Bewegung: die Straße überqueren, mit Messer und Gabel essen, Hand- und Fußball spielen u.v.m. Die visuelle Wahrnehmung ist die Voraussetzung für räumliches Vorstellungsvermögen. Allerdings entwickelt sich die Wahrnehmung im zweidimensionalen Raum viel später als die Wahrnehmung im dreidimensionalen Raum.

Generell wird die visuelle Wahrnehmung in vier Bereiche untergliedert:

1) die visuomotorische Koordination:
   Sie ist die Fähigkeit des Menschen, das Sehen mit dem eigenen Körper oder Teilen des Körpers zu koordinieren. Dies kann man gut beim Fangen eines Balls oder Ausschneiden beobachten.
2) Figur-Grund-Unterscheidung:
   Kinder können von Geburt an Figur und Grund unterscheiden. Ohne diese Fähigkeit könnten sie sich nicht im Raum orientieren oder Gegenstände erkennen. Dabei ist Wahrnehmen mehr als Sehen: Wird eine bekannte Form durch Bauen, Zeichnen o.ä. dargestellt, weicht sie meist von der exakten Form ab, wird aber trotzdem identifiziert.
3) Wahrnehmkonstanz:
   Dies bedeutet, dass wir Objekte in unserer Umgebung relativ stabil wahrnehmen, obwohl sie sich unseren Sinnesorgangen unterschiedlich präsentieren. Das Gesehene wird kognitiv verarbeitet, mit früheren Erfahrungen verglichen und interpretiert.
4) räumliche Orientierung:
   Die räumliche Orientierung wird nochmals in ‚Wahrnehmung der Raumlage‘ zum Kennzeichnen der eigenen Orientierung im Raum (also den eigenen Standort) und in ‚die Wahrnehmung räumlicher Beziehung‘, um die Beziehung zwischen den Objekten im Raum zu beschreiben, unterteilt. Generell geht es um die Unterscheidung und das Wiedererkennen von Objekten aus unterschiedlichen Blickwinkeln

Zwei weitere Komponenten der visuellen Wahrnehmung sind das visuelle Gedächtnis und die visuelle Unterscheidung. Denn parallel zur visuellen Wahrnehmung entwickelt sich auch das dazugehörige Gedächtnis weiter. Ersteres bezieht sich auf die Fähigkeit, charakteristische Merkmale eines nicht mehr präsenten Objektes vorstellungsmäßig auf andere, präsente Objekte zu beziehen. Zweitens beschreibt die Fähigkeit auch Unterschiede zwischen Objekten zu erkennen. Diese kommt beim Sortieren und Klassifizieren zum Tragen.

Während bei der visuellen Wahrnehmung mit vorhandenen Objekten im dreidimensionalen Raum konkret operiert wird, versteht man unter dem räumlichen Vorstellungsvermögen ein mentales Operieren mit räumlichen Objekten. Viele Intelligenzforscher wie z.B. Thurstone sind der Meinung, dass die Raumvorstellung ein Faktor der Intelligenz und von logischen und linguistischen Kapazitäten verschieden ist. Dabei wird, ähnlich wie schon die visuelle Wahrnehmung, auch das räumliche Vorstellungsvermögen in 4 Teilbereiche gegliedert:

1) räumliche Wahrnehmung:
   Sie beschreibt die Fähigkeit, räumliche Beziehung in Bezug auf den eigenen Körper zu erfassen.

2) Räumliche Beziehungen:
   Hierbei geht es um das richtige Erfassen räumlicher Gruppierungen von Objekten oder Teilen von ihnen und deren Beziehungen untereinander.

3) Veranschaulichung:
   Sie umfasst die gedankliche Vorstellung von räumlichen Bewegungen (wie Drehungen, Verschiebungen, Faltungen) sowie gedankliches Zerlegen und Zusammensetzen.

4) Räumliche Orientierung:
   Hier wird die räumliche Einordnung der eigenen Person in eine räumliche Situation gefordert.

Durch die sogenannte ‚Kopfgeometrie' wird räumliches Vorstellungsvermögen gefördert, wobei im Gegensatz zum Kopfrechnen nicht das Resultat, sondern der Lösungsprozess im Mittelpunkt steht. Kopfgeometrie umfasst alle mündlich (im Kopf) zu lösenden geometrischen Aufgaben, die das visuelle Wahrnehmungs- und das räumliche Vorstellungsvermögen schulen. Um bei Kindern das Lösen von geometrischen Aufgaben im Kopf anzubahnen, helfen jedoch manuelle Handlungen oder Skizzen zum Verstehen der Aufgabe, zur Ergebnisformulierung oder als Kontrolle. Hierbei gibt es eine Vielzahl an möglichen Aufgabenstellungen, die in unterschiedlichen Repräsentationsformen vorkommen können: als materielles Objekt; Schrägbild; Ein-, Zwei- oder Dreitafelprojektion; Netz, Abwicklung, ebene Kurven- oder Flächenstücke; sprachliche Beschreibungen. Folgende Zielangaben können dabei unterschieden werden: Gestalt einer Figur, Lagebeziehungen zwischen Teilfiguren, metrische Beziehungen, Abbildungen, Zerlegung oder Zusammensetzung oder die Darstellung in einer anderen Repräsentationsform.

4. Didaktische Analyse

In dieser Unterrichtsstunde liegt der Fokus auf dem Experimentieren mit Würfelgebäuden. Das räumliche Vorstellungsvermögen wird durch das Lesen und Erstellen von Bauplänen besonders gefördert. Würfel eignen sich auf Grund ihrer systematischen Ordnungsstruktur gut zum Nachvollziehen von Anordnungen. Baupläne von Würfelbauten ermöglichen Kindern in einer Ordnungsstruktur den Übergang vom Plan zum realen Objekt zu üben (didaktische Reduktion). Im Alltag könnten die Kinder bereits beim Bauen von Modellen nach Anleitung (z.b. Lego) diesem Problem begegnet sein. Später ist es wichtig, dass man sich auf Plänen zurechtfindet. Dazu ist es notwendig, erst einmal die Gebäude bzw. Gegenstände in seiner Umgebung auf dem Plan zu identifizieren um den eigenen Standort zu bestimmen. In allen gestaltenden Berufen ist die räumliche Vorstellung eine Grundvoraussetzung, um darin zu arbeiten.

Die Würfelgebäude regen die Schüler an, darüber zu sprechen, ihre Bauten zu vergleichen, zu beschreiben, Ähnlichkeiten zu bekannten Gebäuden und Objekten der Umwelt zu suchen und mit Namen zu benennen. Die Schüler arbeiten auf unterschiedlichen Abstraktionsebenen: enaktiv beim Bauen, ikonisch beim Umgang mit Abbildungen, symbolisch durch Baupläne und verbale Beschreibungen. Sie erlangen allmählich eine höhere Abstraktionsstufe und Sicherheit im Wechsel zwischen den einzelnen Stufen. Sie nehmen die Objekte, ihre Eigenschaften und Lagebeziehungen zwischen ihnen bewusst war, abstrahieren von nicht geometrischen Eigenschaften durch den Umgang mit Prototypen, können sich diese Objekte vorstellen und damit gedanklich operieren. Die Schüler entwickeln nach und nach eine Raumvorstellung und ein Verständnis für den Zusammenhang zwischen Plan und realem Objekt.

4.1 Bezug zum Lehrplan

Mathematik Klasse 3 – Lernbereich 1: Geometrie

Im ersten Teilbereich der Geometrie geht es um das Übertragen des Wissens über Lagebeziehungen auf Möglichkeiten zur gedanklichen Orientierung im Raum. Dazu gehört einmal sich in einer real gegebenen räumlichen Situation handelnd und gedanklich zu bewegen, indem Wege beschrieben und Richtungen angegeben werden. Hierbei ‚liefen' die Schüler (auf dem Stadtplan) durch die allen bekannte, nahegelegene Stadt Oschatz, entdeckten bekannte Gebäude und beschrieben verschiedene Wege. (fächerübergreifend Sachunterricht) Dabei übertragen die Schüler ihre eigene Wirklichkeit in die Mathematik.

Durch die Würfelgebäude werden Pläne abstrahiert und Techniken aus der Übung mit dem Stadtplan wiederaufgegriffen.

Außerdem sollen sich die Schüler zu ebenen Darstellungen die räumliche Wirklichkeit vorstellen, indem sie Würfelbauwerke nach Bauplänen herstellen und diese gedanklich verändern durch Zerlegen, Zusammensetzen und Umbauen. In Vorbereitung dafür probierten sich die Schüler im Skizzieren und Verkleinern von Dingen des Schulhofs im Verhältnis zu ihrer eigenen Körpergröße. Anschließend lernten sie den Begriff ‚Maßstab' kennen, experimentierten beim Legen von Stäbchen und vergrößerten und verkleinerten auch zeichnerisch verschiedene Gebilde. Dabei wird systematisches Vorgehen geübt, welches wichtig für die Kopfgeometrie ist.

Einen weiteren Teilbereich stellt das Übertragen des Wissens über Quader auf das Zeichnen einfacher Körpernetze dar, welches die Stoffeinheit abschließen soll. Hierbei werden die Körper über das Zeichenblatt ‚gerollt', um die Vorstellung für Körpernetze zu unterstützen.

4.2 Einordnung der Stunde in die Unterrichtseinheit

Hierbei ist mit einer Stunde immer ein ganzer Unterrichtsblock von je 90 Minuten gemeint.

Stunde	Thema
1	Orientierung im Stadtplan von Oschatz
2	Verkleinern – Vergrößern: Selbstversuch auf dem Schulhof
3	Maßstab: Verkleinern & Vergrößern mit Stäbchen und auf kariertem Papier
4	Allg. Wiederholung Geometrie
5	**Würfelgebäude: „Heute sind wir die Architekten"**
6	Vers. Ansichten von Würfelgebäuden, Schrägbilder
7	Körper und Körpernetze

4.3 Zugänglichkeit zum Lerngegenstand

Um die Schüler zu motivieren, selbst kreativ zu werden und eigene Gebäude zu erstellen, werden zunächst Bilder verschiedener Bauten aus Frankfurt a. M. gezeigt und besprochen. Hierbei wird auf die Problematik der Bauarbeiter eingegangen. Woher wissen die Arbeiter, was sich der Architekt vorstellt? Der Architekt baut ja schließlich nicht selbst, sondern lässt bauen. Welches Vorwissen benötigt also ein Bauleiter?

4.4 Gegenwartsbedeutung

Beim Bauen und Nachbauen von Würfelgebäuden werden Orientierung und räumliches Vorstellungsvermögen geübt. Diese zwei Fähigkeiten sind eine wichtige Grundlage für jegliches Sich Zurechtfinden in der kindlichen Lebenswelt: sei es in Kaufhäusern, auf Legoanleitungen, beim Puzzeln oder im Freizeitpark. Immer, wenn sie zweidimensionale Ansichten von Dingen mit dreidimensionalen vergleichen und sich dort zurechtfinden müssen, benötigen sie Orientierungsfähigkeit und räumliches Vorstellungsvermögen.

4.5 Zukunftsbedeutung und exemplarische Bedeutung

Räumliches Vorstellungsvermögen und Orientierung sind Fähigkeiten, die auch Erwachsene benötigen, um sich in ihrer Lebenswelt zurechtzufinden. Pläne in Kaufhäusern beschreiben die Lage von Geschäften und zeigen den eigenen Standort. Hier ist räumliche Vorstellung die Voraussetzung sich orientieren zu können. Architekten, Maschinenbauer, Elektriker und viele andere Berufe erfordern das Bauen nach Plänen bzw. das Erstellen von Plänen. Auch hier wird räumliches Vorstellungsvermögen benötigt. Im Alltag begegnet man auch häufig der Anforderung z.B. ein Regal, einen Schrank bzw. eine Schubkarre nach Anleitung zusammenzubauen. Überall dort benötigt man räumliches Vorstellungsvermögen.

5. Lernziele

Allgemeine fachspezifische Kompetenz:

Die Schüler entwickeln Wahrnehmungs- und Vorstellungsfähigkeit beim Operieren mit geometrischen Objekten.

Feinziele:

Die Schüler können Würfelgebäude aus einer bestimmten Anzahl bauen, nachbauen und beschreiben.

Die Schüler können Baupläne zu Würfelgebäuden zeichnen und nach diesen Würfelgebäude bauen.

Die Schüler kommunizieren über die Würfelgebäude und beschreiben diese.

6. Methodische Analyse

Um die Schüler auf die Sinnhaftigkeit des Nutzens von Bauplänen aufmerksam zu machen und ihr Interesse zu wecken, selbst einmal Architekt zu sein, werden zu Beginn der Stunde zunächst Fotos von Wolkenkratzern aus Frankfurt a.M. in die Mitte des Sitzkreiseses gelegt. Im Sitzkreis Themen zu besprechen sind die Kinder seit der 1. Klasse gewöhnt. Alle können die Fotos gut einsehen, bekommen durch das gemeinsame Gespräch einen kurzen Überblick, was Hochhäuser und Wolkenkratzer genau sind und entwickeln eine Vorstellung, wie hoch diese im Vergleich zu unserer Schule sind. Um mit der Fragestellung, was man überhaupt benötigt, bevor man anfangen kann zu bauen, die Kinder zum Nachdenken zu motivieren, wird ein Schüler-Lehrergespräch gewählt. So können sie herausfinden, wie man sinnvoll einen Bauplan gestalten kann. In anschließender Partnerarbeit sollen die Kinder erfahren, welche Probleme ein individueller Bauplan (mündlich oder schriftlich beschrieben) mit sich bringen kann. Dies geschieht dadurch, dass immer ein Kind ein Würfelgebäude aus max. 10 1cm-Holzwürfeln baut und dem Partner anschließend erklären muss, was er wie gebaut hat. Dieser versucht es nachzubauen, ohne es zu sehen. Würfelgebäude sind dafür gut geeignet, da sie systematisches Bauen ermöglichen, was wiederrum das Herstellen eines einheitlichen Bauplans zulässt. Dadurch wird auch die Schwierigkeit isoliert, die beim Bauen mit unterschiedlichen Formen deutlich höher sein würde. Damit die Schüler ihr Würfelgebäude leicht verschieben oder transportieren können, ohne es sofort wieder zu zerstören, bauen sie auf leeren CD-Hüllen. Ein Sichtschutzständer verhindert das ‚Abgucken' beim Nachbarn. In jeweils einer kurzgehaltenen frontalen Sequenz reflektieren die Schüler, was beim Nachbauen gut geklappt hat und wo es Schwierigkeiten gab. Hierbei ist eine Methode gewählt worden, wo die Kinder selbst bauen und somit Erfahrungen mit Anordnungen von Würfelgebäuden auf der enaktiven Ebene sammeln können. Damit kann der Übergang zur ikonischen und später zur symbolischen Darstellung vorbereitet werden.

Anschließend wird den Kindern im Plenum der Bauplan an der Tafel und in Verbindung mit großen Holzwürfeln (Tausenderwürfel) demonstriert, wie ein einheitlicher Bauplan sinnvoll aussehen kann. Diese frontale Form wurde gewählt, um auch den schwächeren Schülern die Möglichkeit zu geben, sich diese Form der Baupläne vorstellen zu können und zu verstehen, wie man sie erstellt. In einer anschließenden Übungsphase wird wiederrum eine Methode verwendet, in der die Kinder zuerst selbst bauen und dann daraus den Bauplan erstellen. Die Unterlage dient dabei als Orientierung und macht das darauf folgende Schreiben des Bauplans leichter, da dich Kästchen den Raum und das Format vorgeben. Der jeweilige Partner baut erneut das Würfelgebäude nach Bauplan nach. Insofern dieser korrekt geschrieben wurde, sollte es keine Missverständnisse mehr beim Lesen dieses Bauplans geben. Partnerarbeit wurde gewählt, weil das kooperative Arbeiten eine wichtige Kompetenz ist, die in besonderer Weise bei Partnerarbeit geübt wird. Dazu kommt, dass die Kinder sich gegenseitig unterstützen und helfen.

Die folgende Methode dient der Übertragung des Gelernten auf Neues. Hierbei wurden im Mathebuch dargestellte Würfelgebäude gewählt, die die Schüler in Einzelarbeit nachbauen sollen. Die Darstellung im Mathebuch ist auf der ikonischen Ebene und erfordert von den Schülern bereits eine Abstraktion. Um die Schwierigkeit zu erhöhen und das eben Gelernte anzuwenden und zu üben, wird die Grundfläche auf 4x4 Kästchen erhöht und die Schüler bauen abgebildete Gebäude aus dem Mathebuch nach. Dazu sollen sie erneut einen Bauplan schreiben und dann herausfinden, wie viele Würfel verbaut wurden.

In einer kurzen Feedbackrunde (Schüler-Lehrergespräch) werden abschließend die Erfahrungen der Schüler reflektiert und ein Ausblick auf das weitere Vorgehen in der nächsten Stunde gegeben.

7. Verlaufsplanung

Zeit	didaktische Funktion	Inhalte	Sozialform/Methode	Medien
8.00		Begrüßung, Vorstellung	Plenum	
8.02	Hinführung	Fotos von Hochhäusern, besonderen Gebäuden: - L. erzählt v. Frankfurt (einzige dt. Stadt mit Wolkenkratzern) - Was braucht man zuerst, bevor man anfangen kann zu bauen? Wer plant & baut? „Heute dürft ihr Architekten sein!"	Sitzkreis	Fotos
8.10	Erarbeitung	1. Ein Partner baut Gebäude aus max. 10 Würfeln (in max. 60sek.) und beschreibt sein Gebäude mündlich dem Nachbarn -> dieser baut es nach ohne es zu sehen	Partnerarbeit	Holzwürfel, CD-Hüllen, Sichtschutzständer
8.20	Zwischenauswertung	2. „Wie hat es geklappt? Wo gab es Probleme?"	Plenum	
8.25	Erarbeitung	3. Jeder S. baut aus Holzwürfeln eigene Würfelgebäude, schreibt dazu einen Bauplan & gibt diesen dem Nachbarn -> Nachbauen - vergleichen	Einzel- & Partnerarbeit	Holzwürfel, CD-Hüllen, Sichtschutzständer, Ma-Heft
8.30	Zwischenauswertung/ Motivation	-„Wo hat das Nachbauen nach Bauplan gut geklappt? - Vorstellen lassen -Großer Bauplan an Tafel als Bsp. -> wie lesen? „Stell dir vor, du würdest von oben auf das Gebäude schauen." -> Bedeutung Quadrate & Zahlen!.	Plenum	Bauplan an Tafel
8.40	Üben & Problemlösen	• MB S. 113 Nr.1: 1a) Alle zusammen, 1b) zus. beginnen... -> Selbstkontrolle „Gebäude aus 20 Würfeln mit der Grundfläche 3 x 4 (Vorlage) bauen – Bauplan – Nachbar baut nach - vergleichen." • AB 29 Nr. 3 & 4 • Puffer: MB 113 / 4	Frontal Einzelarbeit Partnerarbeit Einzelarbeit	Holzwürfel, Mathebuch, Planquadrate 8x8, Planquadrate 3x4
9.20	Auswertung / Abschluss	„Aufgaben gut geklappt? Probleme? Besprechung v. AB 29	Sitzkreis	Baupläne

13

8. Literaturverzeichnis

Sächsisches Staatsministerium für Kultus (Hrsg.) (2009): *Lehrplan Grundschule Mathematik*. Dresden.

Franke, M. (2007): *Didaktik der Geometrie in der Grundschule*. Heidelberg: Spektrum Akademischer Verlag.

KMK (2005): *Bildungsstandards im Fach Mathematik für den Primarbereich*. München/Neuwied: Luchterhand.

Esslinger-Hinz/Wigbers u.a. (2013): *Der ausführliche Unterrichtsentwurf*. Weinheim/Basel: Beltz.